Femmes de sciences oubliées

Et pourtant elles ont changé le cours de la science

Pays des maths

1

Table des matières

« LE GENRE NE DEVRAIT JAMAIS ETRE UN OBSTACLE A LA REUSSITE EN SCIENCE. LES FEMMES ONT PROUVE MAINTES FOIS QU'ELLES PEUVENT EXCELLER DANS CE DOMAINE. »

RITA LEVI-MONTALCINI
PRIX NOBEL DE MEDECINE 1986

Préface

Si on vous demande de citer 5 hommes scientifiques, les noms d'Einstein, d'Euler, de Pasteur, de Pythagore ou d'autres figures éminentes surgiront naturellement. En revanche, demandez de citer 5 femmes scientifiques, et la plupart des gens mentionneront Marie Curie, éprouvant des difficultés à en trouver d'autres.

L'effet Matilda, baptisé ainsi d'après la suffragette Matilda Joslyn Gage, met en lumière une vérité persistante : les accomplissements des femmes sont souvent minimisés, négligés, voire attribués à leurs homologues masculins. Ce phénomène, entravant la reconnaissance des femmes dans de nombreux domaines, a également maintenu dans l'obscurité des figures féminines scientifiques.

À travers cet ouvrage, nous embarquons dans un périple pour découvrir et célébrer ces femmes exceptionnelles, dont les contributions ont été occultées pendant trop longtemps. Le défi était colossal : comment choisir parmi tant de récits fascinants et de destins extraordinaires ?

Nous avons été confrontés à une abondance de noms. Les limites d'un livre nous ont contraints à effectuer des choix difficiles, sélectionnant un échantillon représentatif de ces esprits brillants. À travers les chapitres, vous ferez la connaissance de femmes qui ont dissipé le mystère dans des domaines allant de l'astronomie à la chimie, de la physique à la biologie, et bien au-delà. Leurs récits, leurs luttes et leurs triomphes captiveront votre attention, susciteront votre inspiration, et nous espérons, vous inciteront à réfléchir sur la place des femmes dans le domaine scientifique.

Nous avons cherché à narrer ces récits de manière équilibrée, mettant en évidence les réalisations remarquables de ces femmes tout en soulignant les obstacles auxquels elles ont été confrontées. Leurs succès sont d'autant plus impressionnants lorsqu'ils sont replacés dans le contexte de leur époque.

Nous sommes conscients que la sélection que nous avons opérée laisse de côté de nombreuses femmes scientifiques. Derrière chaque nom, bien d'autres femmes mériteraient également d'être redécouvertes. Nous espérons que ce livre rendra hommage non seulement à ces femmes scientifiques oubliées, mais encouragera aussi de nouvelles recherches et explorations pour révéler davantage de ces trésors cachés.

Alors, plongez-vous dans ces récits fascinants, laissez-vous inspirer par ces femmes incroyables, et réfléchissez à la manière dont nous pouvons tous contribuer à la reconnaissance et à la célébration des femmes scientifiques qui ont façonné notre monde, mais qui ont été, pendant trop longtemps, reléguées dans l'obscurité.

Bienvenue dans le monde des femmes scientifiques oubliées.

Hypatie d'Alexandrie

Dans ce premier chapitre, partons pour l'Égypte antique, dans la ville d'Alexandrie, pour vous présenter une figure exceptionnelle : Hypatie, la philosophe des étoiles.

Même s'il est difficile de déterminer avec précision la date de naissance d'Hypatie, elle aurait vécu de 370 à 415 après J.-C., une époque où le monde méditerranéen était en plein bouleversement. Alexandrie, cette grande cité au bord de la mer, était un centre intellectuel de renommée mondiale, abritant une bibliothèque légendaire qui rassemblait les connaissances de l'époque. C'est dans ce contexte qu'Hypatie a émergé en tant que l'une des figures les plus influentes de son temps.

Hypatie a eu la chance de naître dans une famille qui valorisait l'éducation et la philosophie. Son père, Théon d'Alexandrie, était un mathématicien et un philosophe renommé ; il a pris en charge l'éducation de sa fille, l'initiant à des domaines tels que les mathématiques, la philosophie, et l'astronomie. Elle a étudié les œuvres des grands penseurs grecs, tels qu'Euclide et Pythagore, et a acquis une connaissance profonde des mathématiques. Sous la supervision de son père, Hypatie élargit ses connaissances et développe rapidement le gout de la recherche et de l'apprentissage.

Hypatie devient une érudite respectée à Alexandrie, ville dans laquelle elle enseigne les mathématiques, la philosophie et l'astronomie. Sa renommée en tant qu'enseignante et intellectuelle grandit rapidement et elle devient la première femme à diriger l'école néoplatonicienne d'Alexandrie. Les néoplatoniciens croyaient en l'existence d'une réalité supérieure, une réalité ultime d'où émanaient toutes les choses. Hypatie intègre ces idées dans ses enseignements et explore les liens entre la philosophie, les mathématiques et l'astronomie.

Elle attire des étudiants de tout l'Empire romain, y compris des hommes qui cherchent à profiter de ses vastes connaissances. Sa réputation s'étend bien au-delà d'Alexandrie, et ses enseignements contribuent à la diffusion des idées philosophiques et scientifiques de l'époque.

L'une de ses contributions les plus importantes à la philosophie néoplatonicienne a été sa défense de l'idée que les mathématiques étaient une voie vers la compréhension. Elle a souligné que les lois mathématiques sous-tendaient l'ordre du cosmos, ce qui lui a valu le surnom de « philosophe des étoiles ».

L'astronomie était une discipline qui passionnait particulièrement Hypatie. Elle a réalisé des travaux remarquables sur la construction d'instruments astronomiques et a écrit des commentaires précieux sur les œuvres d'astronomes célèbres tels que Ptolémée. Ses observations et ses calculs ont contribué à affiner la compréhension de la trajectoire des planètes et des étoiles.

L'une de ses contributions les plus notables a été sa détermination de la date de la Pâque, un défi astronomique complexe qui avait des implications religieuses majeures à l'époque. Sa méthode précise pour calculer la date de cette fête chrétienne a été utilisée pendant des siècles.

Malheureusement, la vie d'Hypatie va prendre une tournure tragique. À l'époque, Alexandrie était marquée par des tensions religieuses. Hypatie, une païenne connue pour son influence intellectuelle, est devenue la cible de ces tensions. En 415 après J.-C., elle est victime d'une violente persécution politique et religieuse, devenant ainsi l'une des premières victimes notoires de la montée du fanatisme religieux. Sa mort a marqué la fin de l'âge d'or de la philosophie à Alexandrie.

L'héritage d'Hypatie est vaste et significatif. Elle a ouvert la voie aux femmes qui aspiraient à des carrières intellectuelles dans un monde dominé par les hommes. Ses enseignements et ses écrits ont continué à influencer la philosophie, les mathématiques et l'astronomie, et sa contribution à la diffusion des idées de l'Antiquité a été inestimable.

Rosalind Franklin

La vie de Rosalind Franklin est imprégnée d'une détermination exceptionnelle, allant bien au-delà du monde scientifique. Bien que son nom reste souvent dans l'ombre, son travail établit les fondements de la biologie moléculaire moderne et révèle la structure en double hélice de l'ADN.

Née à Londres en 1920, son intérêt pour les sciences la conduit à étudier la physique et la chimie à l'Université de Cambridge, où elle obtient un diplôme de premier cycle. Elle poursuit ensuite ses études en physique-chimie à la Sorbonne à Paris, se spécialisant en cristallographie, une discipline cruciale pour ses futures recherches (la cristallographie est une technique qui permet d'étudier la structure des cristaux).

De retour à Londres après ses études en France, Rosalind Franklin rejoint le King's College, où elle se distingue par ses recherches en cristallographie, notamment sur les fibres de carbone et la structure des charbons actifs. Sa renommée dans la diffraction des rayons X la conduit à être sollicitée pour travailler sur la structure de l'ADN, une énigme scientifique majeure à l'époque.

Dans les années 1950, la recherche sur la structure de l'ADN était un terrain compétitif, avec deux équipes éminentes : celle de Francis Crick et James Watson de l'Université de Cambridge, et celle de Maurice Wilkins et Rosalind Franklin du King's College.

Rosalind Franklin réalise des études de diffraction des rayons X sur des fibres d'ADN, produisant des images de qualité supérieure révélant des détails cruciaux sur la structure en double hélice de l'ADN. Ses photographies, notamment la célèbre "Photo 51", jouent un rôle déterminant dans la compréhension de cette structure.

Pendant ce temps, Crick et Watson élaborent un modèle de structure en double hélice de l'ADN, s'appuyant, en toute conscience, sur le travail de Franklin, qui n'avait pas partagé ouvertement ses données. En 1953, les résultats de Franklin sont utilisés sans son consentement par Watson et Crick, qui publient leur découverte dans la revue "Nature", ouvrant ainsi la voie à une avancée majeure en génétique et biologie moléculaire.

Cependant, l'injustice historique frappe Rosalind Franklin, et en 1962, le prix Nobel de physiologie (appelé prix Nobel de médecine) est attribué à Crick, Watson et Wilkins, sans mentionner équitablement la contribution essentielle de Franklin. Décédée en 1958, elle n'a pas pu recevoir le prix à titre posthume. Son nom est souvent omis, voire déformé, dans les discours de remerciement. Seul Maurice Wilkins la mentionne, reconnaissant sa précieuse contribution. Ce n'est que plus tard, en 2003, que Watson admettra le mérite de Rosalind Franklin.

Après son rôle crucial dans la compréhension de l'ADN, Rosalind Franklin oriente sa carrière vers l'étude de la structure des virus et des protéines, impactant significativement la recherche médicale.

Son héritage perdure dans le monde scientifique, avec des instituts, des prix et des bourses portant son nom en hommage à ses contributions. Rosalind Franklin devient une figure emblématique qui illustre l'importance de la curiosité, de la détermination et de l'intelligence dans la quête du savoir et de la découverte scientifique, tout en ouvrant la voie aux femmes dans le domaine de la recherche scientifique.

Mary Anning

Explorons la vie de Mary Anning, une pionnière méconnue de la paléontologie, dont les découvertes ont profondément marqué notre compréhension moderne des fossiles et du développement de la vie sur Terre.

Née au début du XIXe siècle, dans une Angleterre où l'accès à l'éducation pour les femmes, surtout dans le domaine scientifique, était limité, Mary Anning est devenue une chasseuse de fossiles autodidacte exceptionnelle. Elle construit son expertise lors des expéditions de chasse aux trésors préhistoriques avec son père à Lyme Regis, une petite ville côtière du Dorset, en Angleterre.

Suite au décès de son père alors qu'elle n'avait que 11 ans, Mary et sa famille ont poursuivi la quête de fossiles, les vendant aux touristes et collectionneurs. Rapidement, Mary a développé une expertise inégalée dans l'identification, la récupération et la préservation des fossiles marins, devenant une spécialiste de la conservation paléontologique.

En 1811, sa renommée s'est consolidée avec la découverte d'un squelette presque complet d'ichtyosaure, un reptile marin éteint, bouleversant les idées conventionnelles sur l'extinction des espèces. En 1823, elle a fait une autre découverte remarquable : le premier squelette de plésiosaure, un reptile marin avec un long cou et des nageoires. Mais, ses découvertes ont parfois été confrontées à des réticences de la part de la communauté scientifique, en partie en raison de son statut de femme et de sa classe sociale.

Mary Anning est devenue célèbre dans le monde de la paléontologie, attirant l'attention de scientifiques éminents tels que Henry De la Beche et Richard Owen. Ses contributions ont grandement enrichi notre compréhension de l'évolution de la vie sur Terre, et ses fossiles sont exposés dans des musées du monde entier. Elle a échangé des correspondances avec Charles Lyell, un géologue influent de l'époque, qui a salué l'importance de son travail.

Cependant, des problèmes de santé ont jalonné la vie de Mary Anning, et elle est décédée à l'âge de 47 ans en 1847. Néanmoins, son héritage demeure vivant. Sa détermination à explorer les secrets de la Terre continue d'inspirer de nombreuses générations de paléontologues, en particulier des femmes.

Aujourd'hui, Mary Anning est célébrée comme une pionnière de la paléontologie et une icône de la science, en particulier pour les femmes dans les domaines scientifiques. La campagne "Mary Anning Rocks" vise à honorer son héritage et à accroître la visibilité des femmes dans les sciences, témoignant ainsi de l'impact durable de son travail.

Grace Hopper

Plongeons dans le parcours captivant de Grace Hopper, une saga captivante d'obstination, d'innovation et de dévouement envers l'évolution de l'informatique, laissant une empreinte indélébile sur son évolution. Dans cette exploration de la vie extraordinaire de Grace Hopper, nous découvrirons ses réalisations remarquables et son héritage durable dans le monde de la technologie.

Née en 1906 à New York, Grace Hopper manifeste dès son plus jeune âge un intérêt prononcé pour les mathématiques et la logique. Elle décroche un doctorat en mathématiques à l'Université de Yale, devenant l'une des rares femmes de l'époque à obtenir un tel diplôme. Pionnière, elle devient l'une des premières programmeuses dans le tout nouveau domaine de l'informatique.

En 1943, pendant la Seconde Guerre mondiale, Grace

Hopper rejoint la Marine américaine (U.S. Navy) et est affectée au Bureau des Ordonnances Navale, où elle travaille sur le calcul automatique des trajectoires balistiques. Sa contribution à la programmation de l'ordinateur Mark I d'Harvard, l'un des premiers calculateurs électroniques, marque le début de sa carrière dans le domaine de l'informatique.

L'une de ses réalisations les plus notables est le développement du langage de programmation COBOL (Common Business-Oriented Language). Elle s'attèle à normaliser le COBOL, un langage conçu pour être plus convivial et compréhensible que ses prédécesseurs, révolutionnant ainsi la programmation informatique en facilitant la création de logiciels par les entreprises.

Grace Hopper est également à l'origine du terme « bug » informatique, devenu populaire. En 1947, elle découvre une mite coincée dans un relais de l'ordinateur Mark II d'Harvard, provoquant un dysfonctionnement. Elle la colle dans son journal de laboratoire avec la note « Premier cas réel de découverte d'un bug », une anecdote devenue emblématique dans la résolution des problèmes informatiques.

Sa carrière s'étend sur plusieurs décennies, marquée par des contributions majeures au développement de langages de programmation tels que le Fortran et le COBOL, ainsi que par sa participation à des projets informatiques de grande envergure, dont le développement de l'UNIVAC I, l'un des premiers ordinateurs commerciaux.

Malgré ses immenses contributions à l'informatique, le nom de Grace Hopper reste souvent méconnu du grand public. Bien que le langage COBOL soit encore utilisé aujourd'hui, son rôle crucial dans son développement est peu connu des programmeurs actuels.

Heureusement, au fil des ans, la reconnaissance de la contribution de Grace Hopper à l'informatique a grandi. En 1969, elle a été nommée commodore dans la marine américaine, devenant l'une des premières femmes à atteindre ce grade. Elle a également reçu de nombreuses distinctions, dont la médaille présidentielle de la liberté à titre posthume en 2016, la plus haute distinction civile aux États-Unis.

Le travail de Grace Hopper a jeté les bases de la programmation moderne, ouvrant des portes pour de nombreuses femmes dans le domaine de la technologie.

Jocelyn Bell Burnell

Nous allons explorer la vie et les réalisations de Jocelyn Bell Burnell, une astrophysicienne de renom dont le nom est tombé dans l'oubli. À la fin de ce chapitre vous comprendrez pourquoi il est essentiel de se rappeler de cette scientifique exceptionnelle.

Jocelyn Bell Burnell voit le jour en 1943 à Belfast, en Irlande du Nord. Étant enfant, elle montre un vif intérêt pour l'astronomie et les sciences. Elle fait la première partie de ses études à l'Université de Glasgow, où elle obtient un diplôme en physique en 1965, avant de poursuivre ses études à l'Université de Cambridge.

C'est pendant ses études de troisième cycle à l'Université de Cambridge, sous la supervision de son directeur de thèse, le professeur Antony Hewish, que Jocelyn Bell Burnell fait la découverte qui allait la rendre célèbre. Elle travaille sur le radiotélescope de Cambridge, un instrument conçu pour étudier les étoiles, lorsqu'elle détecte un signal radio étrange, régulier et pulsant. Ce signal était bien différent de tout ce qui avait été observé auparavant.

Après avoir exclu toutes les causes artificielles possibles, Jocelyn Bell Burnell continue à surveiller ce signal mystérieux. Elle découvre qu'il provient d'une source céleste non identifiée. Avec le professeur Hewish, elle exclut l'hypothèse de signaux extraterrestres et conclut que ces émissions radio, des signaux qui pulsaient comme un cœur stellaire, étaient générées par des étoiles à neutrons en rotation, depuis lors appelées « pulsars » pour « pulsating stars ».

La découverte des pulsars a été une avancée astronomique majeure. Elle a ouvert de nouvelles perspectives sur la compréhension des étoiles à neutrons, des objets extrêmement denses résultant de l'effondrement d'étoiles massives. Cette découverte a également confirmé la validité des théories de la relativité générale d'Einstein dans des environnements stellaires extrêmes.

Cependant, à l'époque, la reconnaissance de Jocelyn Bell Burnell pour cette découverte a été minimale. Le prix Nobel de physique de 1974 a été décerné à Antony Hewish et à l'astronome Martin Ryle pour leurs contributions à la radioastronomie, sans inclure Jocelyn Bell Burnell, malgré son rôle prépondérant dans la découverte des pulsars.

Cet oubli a soulevé des questions sur le sexisme dans la science, mais Jocelyn Bell Burnell a réagi avec grâce et persévérance. Elle a continué à travailler dans le domaine de l'astronomie et a consacré une grande partie de sa carrière à l'éducation et à l'encouragement des jeunes femmes à poursuivre des carrières scientifiques.

Malheureusement, malgré sa contribution exceptionnelle

à la science, le nom de Jocelyn Bell Burnell est souvent inconnu du grand public. Ses travaux sur les pulsars restent essentiels pour notre compréhension de l'Univers, mais son nom est rarement mentionné dans les manuels scolaires ou les cours d'astronomie.

Heureusement, au fil des années, la communauté scientifique a commencé à reconnaître l'importance des réalisations de Jocelyn Bell Burnell. Elle a reçu de nombreux prix et distinctions pour sa contribution à l'astronomie, dont la médaille d'or de la Royal Astronomical Society en 2018.

Dorothy Crowfoot

L'histoire de Dorothy Crowfoot Hodgkin se déroule comme une épopée d'ingéniosité et de réalisations scientifiques exceptionnelles.

Dorothy Mary Crowfoot naît en 1910 au Caire, en Égypte, où son père, de nationalité britannique, exerce en tant qu'administrateur colonial. Dès son plus jeune âge, elle manifeste un vif intérêt pour la chimie. Elle poursuit ensuite ses études à l'Université d'Oxford, obtenant son doctorat en cristallographie en 1937.

Après l'obtention de son diplôme, Dorothy Crowfoot Hodgkin entame son travail en cristallographie des rayons X à l'Université d'Oxford. Cette technique, basée sur l'analyse de la diffraction des rayons X, permet de déterminer la structure atomique des cristaux. Grâce à son habileté exceptionnelle, elle acquiert rapidement une réputation distinguée. Ses travaux novateurs dans ce domaine ouvrent de nouvelles perspectives pour la compréhension des structures moléculaires.

En 1945, Dorothy Crowfoot Hodgkin réalise l'une de ses premières grandes réalisations en déterminant la structure de la pénicilline. À l'époque, cette découverte était cruciale pour améliorer la production et l'efficacité de cet antibiotique pionnier. Son travail jette les bases de la production en masse de la pénicilline, contribuant ainsi à son utilisation généralisée.

Cependant, sa contribution la plus significative se situe dans le domaine de la cristallographie des protéines. Développant des techniques innovantes, elle s'attaque à la détermination des structures protéiques, un domaine réputé difficile en raison de la complexité des molécules biologiques. En 1956, elle dévoile la structure de la vitamine B12, suivie en 1969 par celle de l'insuline. Ces découvertes fondamentales jettent les bases du développement d'insulines synthétiques plus efficaces, améliorant ainsi la vie de millions de personnes atteintes de diabète.

En 1964, Dorothy Crowfoot Hodgkin reçoit le prix Nobel de chimie, devenant la troisième femme à être honorée, après Marie Curie et Irene Joliot-Curie. Cette reconnaissance consacre ses années de recherche et ses réalisations dans le domaine.

Malheureusement, aujourd'hui, le nom de Dorothy Crowfoot Hodgkin est largement oublié. Ses contributions fondamentales à la cristallographie des protéines ont profondément influencé la recherche médicale, la biologie moléculaire et le développement de médicaments, bien que son nom soit rarement évoqué dans les cours d'histoire de la science.

Lise Meitner

Découvrons maintenant la vie de Lise Meitner, un vie hors du commun faite de découvertes scientifiques majeures et de détermination.

Alors, pourquoi cette brillante chercheuse est tombée dans l'oubli ?

Lise Meitner est née le 7 novembre 1878 à Vienne, en Autriche. Enfant, elle montre un intérêt précoce pour les sciences, en particulier pour la physique. Elle poursuit des études supérieures à l'Université de Vienne, où elle obtient son doctorat en physique en 1906 devenant ainsi l'une des premières femmes à obtenir ce titre en Autriche.

En 1907, Lise Meitner commence à travailler avec le chimiste allemand Otto Hahn à l'Université de Berlin. Ensemble, ils explorent les propriétés des isotopes, des atomes ayant le même nombre de protons mais un nombre différent de neutrons.

L'avancée la plus significative de Lise Meitner et Otto Hahn est survenue en 1938, lorsqu'ils ont découvert la fission nucléaire. Ils ont réussi à fragmenter le noyau d'un atome d'uranium en deux noyaux plus légers, libérant ainsi une quantité massive d'énergie. Cette découverte a été fondamentale pour la compréhension de la réaction nucléaire et a finalement conduit au développement de l'énergie nucléaire et de la bombe atomique.

Mais le ciel s'assombrit. En raison de la montée du régime nazi en Allemagne, Lise Meitner, en tant que juive, fuit le pays en 1938. Elle trouve refuge en Suède, où elle continue ses recherches sur la fission nucléaire à l'Université de Stockholm. C'est là qu'elle travaille en étroite collaboration avec son neveu, Otto Frisch, pour expliquer le mécanisme de la fission et continue à partager ses travaux avec Otto Hahn par correspondance. Malgré son exil, Lise Meitner reçoit une reconnaissance internationale pour sa contribution à la découverte de la fission nucléaire. En 1944, elle fut la première femme à être nommée professeure de physique à l'Université de Stockholm.

Un aspect injuste de l'histoire de Lise Meitner est qu'elle n'a jamais reçu le prix Nobel pour sa contribution à la découverte de la fission nucléaire. En 1944, le prix Nobel de chimie a été attribué à Otto Hahn pour cette découverte. Lise Meitner a été inexplicablement exclue du prix bien qu'elle ait joué un rôle essentiel dans la compréhension du phénomène. Cela a suscité un débat considérable sur l'injustice faite à Meitner et a renforcé la prise de conscience des défis auxquels les femmes scientifiques étaient confrontées à l'époque.

Lise Meitner va finalement être reconnue pour ses

contributions exceptionnelles à la science. En 1997, l'Union internationale de chimie pure et appliquée a officiellement nommé l'élément chimique 109 « Meitnerium » en son honneur.

Lise Meitner fut l'une des scientifiques les plus influentes dans son domaine. Sa découverte de la fission nucléaire a ouvert la voie à de nombreuses applications de l'énergie nucléaire, mais elle a également souligné l'importance éthique de la recherche scientifique. Elle a continué à travailler et à inspirer d'autres scientifiques jusqu'à sa retraite en 1967.

Émilie du Chatelet

L'épopée d'Émilie du Châtelet est une saga marquée par son dévouement à la science, son intelligence exceptionnelle et ses contributions révolutionnaires à la physique et à la philosophie. Cette femme, souvent oubliée de nos jours, a pourtant laissé une empreinte indélébile sur le monde de la science et de la pensée.

Née à Paris en 1706 au sein d'une famille noble, Émilie du Châtelet bénéficie d'une éducation exceptionnellement riche pour une femme de cette époque. Elle se révèle être une enfant prodige en mathématiques et en sciences, établissant ainsi les fondations d'une vie intellectuelle prodigieuse.

Sa vie intellectuelle foisonnante la conduit à rédiger des essais sur la philosophie, la littérature et la religion, et à entrer en contact avec les grands penseurs des Lumières tels que Voltaire et Diderot. Cependant, c'est son travail dans le domaine des sciences physiques qui la propulse vers la célébrité.

Pendant de nombreuses années, Émilie du Châtelet entretient une relation amoureuse et intellectuelle profonde avec le philosophe des Lumières, Voltaire. Cette liaison va bien au-delà du romantisme, se transformant en un partenariat intellectuel où idées, philosophie et projets scientifiques sont partagés. Voltaire joue un rôle crucial en la stimulant à poursuivre ses travaux en mathématiques et en physique.

Son projet le plus célèbre est la traduction en français de l'œuvre fondatrice de Sir Isaac Newton, "Principia Mathematica", qui a jeté les bases de la physique moderne. Publiée en 1759, sa traduction est accompagnée de commentaires éclairants, rendant la théorie complexe de Newton accessible aux lecteurs francophones. Cette œuvre monumentale contribue à la diffusion des idées de Newton en Europe et facilite la compréhension de la révolution scientifique en cours par les scientifiques français.

Émilie du Châtelet ne se limite pas à traduire et commenter les travaux d'autres scientifiques. Elle mène également des recherches originales en physique, explorant les propriétés des fluides, les lois de la conservation de l'énergie et de la quantité de mouvement, ainsi que la nature de la lumière. Ses travaux novateurs sur la conservation de l'énergie anticipent les lois de la thermodynamique formulées ultérieurement.

Dans un traité sur la lumière et la chaleur, elle développe des idées avant-gardistes sur la nature de ces phénomènes. Bien que ses idées n'aient pas été pleinement reconnues à l'époque, elles étaient en avance sur leur temps et ont contribué à l'évolution de la science.

Émilie du Châtelet a dû surmonter de nombreux obstacles en raison de son sexe, s'imposant à une époque où les femmes étaient généralement exclues de la science et de l'éducation formelle. Son engagement envers la rationalité, la logique et la vérité scientifique a été une source d'inspiration pour de nombreuses femmes, les encourageant à embrasser des carrières scientifiques.

De son vivant, elle était surtout connue comme la compagne de Voltaire, mais aujourd'hui, elle est reconnue comme la première femme de sciences en France.

Chien-Shiung Wu

Surnommée la « Madame Curie de la Physique Nucléaire », Chien-Shiung Wu, physicienne sino-américaine, a joué un rôle central dans l'exploration de la physique des particules et de la symétrie dans l'univers, contribuant ainsi de manière significative à transformer notre compréhension du monde subatomique.

Née à Shanghai en 1912, Chien-Shiung Wu a obtenu son diplôme en sciences à l'Université nationale centrale de Nankin en 1934 avant de poursuivre ses études à l'Université de Californie à Berkeley, où elle a brillamment décroché son doctorat en physique en 1940.

Son parcours académique exceptionnel l'a amenée à participer à des projets de recherche cruciaux, dont le projet Manhattan visant à développer la première bombe atomique. Elle a joué un rôle essentiel dans la séparation de l'uranium isotopique nécessaire à cette bombe, accomplissant une tâche scientifique complexe et cruciale pour le projet.

Parmi les réalisations les plus célèbres de Chien-Shiung Wu, on compte sa contribution à la démonstration expérimentale du « viol de la parité » dans la physique nucléaire. À une époque où la loi de la parité était considérée comme fondamentale, stipulant que les processus physiques devaient être symétriques par rapport à la réflexion miroir, Wu a collaboré avec les théoriciens Lee et Yang pour vérifier la violation de cette symétrie, réalisant une expérience emblématique en 1957 avec le cobalt-60. Ses résultats expérimentaux ont constitué une preuve cruciale que la parité n'était pas conservée dans les interactions faibles, marquant une avancée majeure en physique des particules.

Cependant, malgré ses contributions exceptionnelles, Chien-Shiung Wu n'a pas reçu le même niveau de reconnaissance que ses homologues masculins. Les médias et les comités de remise de prix l'ont souvent négligée, privant ainsi le grand public de la connaissance de cette pionnière.

Malheureusement, elle n'a pas été récompensée du prix Nobel de physique en 1957, attribué à Lee et Yang pour la violation de la parité, bien qu'elle ait joué un rôle prépondérant dans la réalisation expérimentale. Cet oubli a déclenché un débat sur l'équité dans la reconnaissance scientifique.

Néanmoins, l'impact durable de Chien-Shiung Wu dans le monde de la science est indéniable. Son travail a ouvert la voie à de nouvelles découvertes en physique des particules et a contribué au développement de la théorie électrofaible, une pierre angulaire de la physique moderne. Elle a été une ardente défenseure de l'égalité des sexes dans les sciences, inspirant de nombreuses jeunes femmes à embrasser des carrières en physique, et elle a poursuivi son engagement en enseignant et en travaillant jusqu'à sa retraite.

Henrietta Swan Leavitt

Au cours du XXe siècle, une étoile discrète brilla au firmament de l'astronomie. Henrietta Swan Leavitt, une femme dont les travaux ont souvent été éclipsés par d'autres noms dans le domaine, a permis, grâce à ses découvertes, une avancée dans la compréhension de l'univers.

Henrietta Swan Leavitt est née le 4 juillet 1868 à Lancaster, Massachusetts. Malgré les défis auxquels les femmes étaient confrontées dans le domaine académique à l'époque, elle entra à l'Observatoire de Harvard College en tant qu'assistante.

Le travail de Henrietta Leavitt portait sur l'étude des étoiles variables, celles dont la luminosité change au fil du temps. Elle se pencha plus particulièrement sur les céphéides, une classe d'étoiles variables utilisées comme indicateurs de distance dans l'univers. Sa contribution la plus significative fut la découverte de la relation période-luminosité des céphéides, également connue sous le nom de "loi de Leavitt".

En observant des milliers de ces étoiles, Leavitt remarqua que la période avec laquelle une céphéide varie en luminosité était directement liée à sa luminosité intrinsèque. Cette relation permettait alors d'estimer la distance des céphéides dans l'espace avec une grande précision.

La "loi de Leavitt" s'est avérée être la clé pour mesurer les distances cosmiques avec une précision jusque-là inégalée. Les astronomes pouvaient utiliser cette relation pour estimer les distances des galaxies lointaines, ouvrant ainsi la porte à une meilleure compréhension de la taille et de la structure de l'univers.

Cependant, bien que sa découverte ait été cruciale, Henrietta Leavitt ne reçut pas immédiatement la reconnaissance qu'elle méritait.
Le nom d'Henrietta Leavitt fut relativement oublié dans les décennies qui suivirent sa mort en 1921.
Ce n'est que dans les dernières décennies que son travail a commencé à être pleinement reconnu et célébré. Les astronomes contemporains saluent désormais Henrietta Leavitt comme une figure clé dans l'histoire de l'astronomie.

La "loi de Leavitt" reste un outil essentiel pour les astronomes qui cartographient l'univers et cherchent à comprendre la structure et l'expansion de l'espace.

Des observatoires, des bourses et des prix portent désormais son nom, perpétuant ainsi sa mémoire et son impact.

Emmy Noether

L'épopée d'Emmy Noether s'entremêle avec génie mathématique, ténacité et réalisations scientifiques novatrices. Mathématicienne allemande du XXe siècle, elle a jeté les bases de la physique théorique moderne à travers ses contributions à la théorie des groupes et à la symétrie. Ces travaux ont exercé une influence profonde sur la mécanique quantique, la relativité, et de nombreuses autres branches de la physique.

Née en 1882 en Allemagne, Emmy Noether a révélé un talent exceptionnel pour les mathématiques dès son jeune âge, influencée par son père, Max Noether, un mathématicien renommé. Malgré les obstacles auxquels les femmes étaient confrontées pour accéder à une éducation universitaire à cette époque, Emmy a persévéré dans le domaine des mathématiques et a finalement obtenu son doctorat en mathématiques en 1907, devenant ainsi l'une des premières femmes à recevoir un tel diplôme en

Allemagne.

Après l'obtention de son doctorat, Emmy Noether a exercé en tant qu'universitaire, enseignant dans plusieurs universités allemandes. C'est à Göttingen, où elle a rejoint l'université en 1915, qu'elle a réalisé certaines de ses contributions mathématiques les plus remarquables.

Emmy Noether est particulièrement célèbre pour sa découverte de la « théorie des groupes » et ses applications en physique. Elle a démontré comment les symétries dans les équations mathématiques sont étroitement liées aux lois de conservation en physique. Par exemple, sa théorie des groupes a établi que la loi de conservation de l'énergie découle de la symétrie temporelle des équations physiques, tandis que la conservation de la quantité de mouvement est liée à la symétrie spatiale.

En 1915, alors qu'Albert Einstein venait de formuler la théorie de la relativité générale, qui allait bouleverser notre compréhension de la gravité, Emmy Noether a été invitée par David Hilbert, un mathématicien éminent, à collaborer avec Einstein pour comprendre les implications mathématiques de cette théorie.

À cette époque, Emmy Noether a formulé ce qui est aujourd'hui connu sous le nom de « théorème de Noether », énonçant que pour chaque symétrie continue d'un système physique, il existe une quantité conservée associée. Ce théorème s'est révélé fondamental en physique théorique, avec des implications profondes dans la mécanique classique, la relativité et la mécanique quantique.

Avec l'ascension du régime nazi en Allemagne en 1933, Emmy Noether, en tant que juive, a été contrainte de quitter son poste à Göttingen. Elle a émigré aux États-Unis, où elle a continué à enseigner, notamment à l'Institute for Advanced Study à Princeton, influençant ainsi toute une génération de mathématiciens.

Barbara McClintock

Barbara McClintock, scientifique visionnaire, a profondément révolutionné le domaine de la génétique. Née en 1902 dans le Connecticut au sein d'une famille d'enseignants, elle a manifesté dès son jeune âge un vif intérêt pour la botanique. Son parcours académique l'a conduite à étudier la biologie, développant rapidement un intérêt particulier pour la génétique, et à obtenir son doctorat en génétique à l'Université Cornell en 1927.

Les contributions les plus marquantes de Barbara McClintock à la science se situent dans l'étude des transposons, également connus sous le nom d'éléments génétiques mobiles ou « gènes sauteurs ». Elle a observé que certains gènes pouvaient changer de position sur les chromosomes, ce qui avait des répercussions majeures sur les caractéristiques des organismes. Cette découverte a ouvert de nouvelles perspectives dans le domaine de la génétique.

En 1950, elle a formulé la théorie selon laquelle les gènes pouvaient se déplacer d'un endroit à un autre sur le génome, remettant en question la vision statique de la génétique de l'époque. Bien que cette idée novatrice ait été largement ignorée à l'époque, elle a finalement été reconnue comme une découverte fondamentale de la biologie.

Les recherches de Barbara McClintock ont également mis en lumière la régulation complexe des gènes et la plasticité du génome. Elle a démontré comment les transposons pouvaient influencer l'expression des gènes en activant ou désactivant certaines régions du génome, jetant ainsi les bases de la compréhension moderne de la régulation génétique et de l'évolution du génome.

Malgré le manque initial de reconnaissance, McClintock a consacré la majeure partie de sa carrière à l'étude du maïs. Elle a créé un ensemble unique de variétés de maïs pour ses recherches, appelé « l'isolat de maïs », ce qui lui a permis de mener des expériences approfondies sur les sauts génétiques. Ses découvertes ont constitué les fondements de la génétique moderne.

Bien que sa contribution ait changé radicalement la génétique, Barbara McClintock n'a reçu le prix Nobel de physiologie ou médecine qu'en 1983, plusieurs décennies après ses découvertes initiales. Cette reconnaissance tardive a souligné l'importance capitale de ses travaux dans le domaine de la génétique.

Malgré ces défis, Barbara McClintock a continué ses recherches avec passion et est devenue une pionnière dans l'étude de la génétique des plantes. Son impact perdure, influençant toujours la recherche en génétique végétale aujourd'hui.

Stephanie Kwolek

L'histoire de Stephanie Kwolek est celle d'une scientifique qui a apporté des innovations majeures dans l'industrie des matériaux et la sécurité.

Stephanie Kwolek naît en 1923 en Pennsylvanie, et son intérêt précoce pour la chimie est nourri par l'influence de son père, chimiste de profession. Après avoir obtenu son diplôme en chimie au Margaret Morrison Carnegie College en 1946, elle envisage initialement de poursuivre des études de médecine. Cependant, face à des contraintes financières, elle choisit de travailler pour financer ses études. Elle décroche un poste de chimiste chez DuPont de Nemours, une entreprise qui vient d'inventer le nylon.

En 1963, elle se lance dans la recherche visant à trouver un matériau léger et résistant pour remplacer le cordon d'acier dans les pneus. Bien que le résultat initial de ses expériences ne soit pas conforme aux attentes, Stephanie Kwolek persévère et découvre par hasard un liquide dont le fil obtenu se révèle cinq fois plus résistant que l'acier et peut être tissé. En 1971, DuPont adopte le nom de Kevlar® pour cette nouvelle substance aux propriétés exceptionnelles.

Le Kevlar® se révèle être un matériau polyvalent, utilisé dans la fabrication de gilets pare-balles, de casques de protection, de gants de travail, de pneus renforcés, de câbles sous-marins, d'équipements sportifs, et bien plus encore. Son utilisation a considérablement amélioré la sécurité personnelle et la durabilité de nombreux produits.

Stephanie Kwolek a été largement reconnue pour ses contributions à la science des polymères, continuant à travailler sur les fibres synthétiques chez DuPont jusqu'à sa retraite. Au cours de sa carrière, elle a déposé 17 brevets et a été honorée par de nombreuses récompenses, dont la médaille Lavoisier et la National Medal of Technology. Elle est devenue membre de l'Académie nationale d'ingénierie des États-Unis.

Au-delà de ses réalisations scientifiques exceptionnelles, Stephanie Kwolek a ouvert la voie pour les femmes dans le domaine de la chimie et de la science des matériaux, brisant les stéréotypes de genre et démontrant que les femmes peuvent jouer un rôle central dans la recherche et l'innovation technologique.

Mileva Marić

La vie de Mileva Marić est celle d'une femme remarquable dont les contributions à la science ont souvent été éclipsées par l'ombre de son célèbre mari.

Mileva Marić nait dans une famille serbe et montre depuis toute petite un intérêt pour les mathématiques et la physique. Malgré les obstacles auxquels les femmes étaient confrontées à l'époque pour poursuivre des études universitaires, Mileva Marić réussit à obtenir une place à l'École polytechnique de Zurich en 1896, où elle devient la première femme à étudier la physique.

C'est sur les bancs de cette école que Mileva Marić a rencontré un jeune étudiant en physique, Albert Einstein, qui allait devenir l'une des figures les plus influentes de la science du XXe siècle. Les deux partageaient un intérêt commun pour la physique théorique et sont rapidement devenus proches. Leur relation s'est approfondie au fil des années et ils se sont mariés en 1903.

L'impact de Mileva Marić sur la science et son rôle dans les travaux d'Albert Einstein ont été longtemps sous-estimés.

Des chercheurs s'interrogent sur la possibilité que Mileva Marić ait pu contribuer aux recherches d'Albert Einstein, en particulier pendant ses années d'études à l'Université de Zurich.

Certains suggèrent qu'elle ait a pu jouer un rôle dans le développement de la théorie de la relativité restreinte. Des lettres échangées entre les deux montrent qu'ils ont collaboré sur des problèmes scientifiques, mais il est difficile de déterminer l'étendue précise de la contribution de Mileva Marić. Le contenu de ces lettres n'était pas uniquement personnel et sentimental, mais il portait aussi sur la physique en général et sur leurs travaux scientifiques respectifs en particulier.

D'où la question, sans Mileva, Albert Einstein serait-il devenu le génie reconnu ?

Certains avancent même le fait qu'elle a pu fournir des idées cruciales ou jouer un rôle de critique constructive dans le processus de réflexion d'Albert Einstein.

Les trois articles majeurs, publiés en 1905 dont celui sur l'effet photoélectrique étaient signés du nom « Einstein-Marity », Marity étant la traduction en allemand de Marić.

Quand Albert Einstein va recevoir le prix Nobel de physique « pour ses contributions à la physique théorique » ; il va remettre à Mileva la somme d'argent associée au prix.

Le mariage d'Einstein et de Marić a été marqué par des tensions croissantes, en partie en raison des pressions professionnelles sur Albert Einstein et des différences personnelles. En 1914, ils se séparent, et leur mariage est finalement dissous en 1919. Mileva Marić quitte alors Zurich et vit en Serbie, où elle élève leurs deux fils.

L'influence de Mileva Marić sur les travaux d'Albert Einstein reste un sujet de débat et de recherche. Bien qu'elle n'ait pas poursuivi activement une carrière scientifique après sa séparation, il est fort possible que ses discussions et ses contributions aient joué un rôle dans le développement précoce de la pensée d'Einstein.

Dorothy Vaughan

La conquête spatiale aux États-Unis est parsemée de récits fascinants et inspirants, parmi lesquels Dorothy Vaughan occupe une place centrale en tant que pionnière de l'informatique au sein de la NASA. Son parcours exemplaire, marqué par la persévérance, l'ingéniosité et l'impact significatif sur l'exploration spatiale, témoigne véritablement de la contribution des femmes à la science.

Née en 1910 à Kansas City, Missouri, dans une famille valorisant l'éducation, Dorothy manifeste dès son enfance un intérêt marqué pour les mathématiques et les sciences. Après avoir obtenu son diplôme en mathématiques de l'université Wilberforce, elle devient enseignante dans une école publique de Virginie.

Son destin prend une tournure décisive lorsqu'elle rejoint

la NASA, alors connue sous le nom de NACA, en 1943. Intégrant le groupe de calculatrices, composé de femmes mathématiciennes brillantes réalisant des calculs complexes pour soutenir les projets de recherche aérospatiale, Dorothy est rapidement reconnue pour son intelligence et sa capacité à résoudre des problèmes mathématiques ardus.

Durant les premières années de la NASA, cruciales dans la course à l'espace avec l'Union soviétique, Dorothy Vaughan et son équipe fournissent une expertise cruciale pour les premiers vols spatiaux habités, dont celui d'Alan Shepard, le premier Américain dans l'espace.

L'avènement de l'ordinateur électronique change radicalement le domaine de l'informatique, et Dorothy Vaughan est parmi les premières à reconnaître son potentiel. L'arrivée de l'ordinateur IBM 7090 à la NASA marque un tournant dans sa carrière. Comprenant l'importance de maîtriser cette nouvelle technologie, elle apprend seule à programmer, devenant l'une des premières programmeuses de l'histoire de la NASA.

Son ascension rapide au sein de la NASA grâce à son expertise en informatique et à son leadership la propulse en tant que première superviseure afro-américaine, supervisant des femmes mathématiciennes telles que Katherine Johnson et Mary Jackson, également clés dans les débuts de l'exploration spatiale américaine.

Le leadership de Dorothy Vaughan s'avère crucial pour le succès des missions spatiales, notamment celle de John

Glenn, le premier Américain à orbiter autour de la Terre en 1962. Elle travaille à la NASA jusqu'à sa retraite en 1971, laissant un héritage durable dans les sciences.

Décédée en 2008, son impact perdure. Célèbre en 2016 dans le film à succès « Les Figures de l'ombre », elle a enfin été portée à la connaissance du grand public. Sa contribution à l'informatique a ouvert la voie à de nombreuses femmes et minorités pour des carrières dans les STEM. Dorothy Vaughan n'était pas seulement une pionnière de l'informatique, mais également une figure de proue dans la lutte pour la diversité dans le domaine de la science et de la technologie. Son histoire rappelle que le talent et la détermination transcendent les barrières sociales et raciales, soulignant que la contribution de chacun est essentielle pour accomplir de grandes réalisations.

Jane Goodall

Jane Goodall incarne la trajectoire d'une chercheuse visionnaire dont les observations sur les chimpanzés ont profondément enrichi notre compréhension de la nature et du comportement animal. Née à Londres en 1934, elle révèle dès son plus jeune âge un intérêt passionné pour les animaux et l'aventure. Malgré le scepticisme entourant l'idée qu'une jeune femme puisse travailler avec des chimpanzés en Afrique, Jane Goodall refuse de se laisser décourager par les normes sociales de l'époque.

En 1957, une opportunité unique se présente à elle : devenir assistante de recherche pour le renommé paléontologue et archéologue Louis Leakey au Tanganyika (actuelle Tanzanie). Cette rencontre marquante oriente sa vie vers le parc national de Gombe Stream, où elle entreprend l'étude approfondie des chimpanzés sauvages.

Ce qui distingue Jane Goodall dans ses interactions avec les chimpanzés, c'est sa patience et son approche empathique. Consacrant des mois à l'observation des primates, elle établit des liens de confiance en les identifiant par des noms plutôt que des numéros, une pratique révolutionnaire à l'époque.

Parmi ses découvertes notables figure l'observation de la fabrication et de l'utilisation d'outils par les chimpanzés, une compétence traditionnellement associée aux humains. Cette percée a profondément modifié notre perception de la nature humaine et de la cognition animale.

Au fil des années, l'engagement de Jane Goodall s'étend à des actions de conservation visant à protéger les chimpanzés et leurs habitats menacés. Elle fonde l'Institut Jane Goodall pour la Recherche sur la Faune et l'Environnement, œuvrant pour la préservation de la biodiversité mondiale et la promotion de la compréhension entre les humains et les animaux.

Arborant également le rôle de défenseure infatigable des droits des animaux et de la protection de l'environnement, Jane Goodall exerce une influence majeure sur plusieurs générations de chercheurs. Son message de respect envers la nature continue de résonner à travers le monde, laissant un héritage inestimable dans le domaine de la primatologie et de la conservation.

Marie Tharp

L'exploration des fonds marins a toujours été une entreprise mystérieuse et passionnante, mais l'histoire de Marie Tharp apporte une dimension unique à cette aventure. En tant que pionnière de la cartographie océanographique, Marie Tharp a contribué de manière significative à notre compréhension des profondeurs marines.

Marie Tharp nait en 1920 dans le Michigan. Elle s'intéresse à la science et plus particulièrement à la géologie ; elle est fascinée par les cartes et la géographie, mais elle doit surmonter de nombreux obstacles pour suivre une carrière dans ce domaine, parce qu'à l'époque, les femmes étaient souvent exclues des professions scientifiques. Elle persévère et finit par obtenir un diplôme en mathématiques de l'université de l'Ohio.

Après ses études, elle rejoint l'Institut d'océanographie de Lamont-Doherty de l'Université Columbia, où elle fait une rencontre qui va changer sa vie : celle de Bruce Heezen, un géologue et océanographe. Leur collaboration va changer la vision de la topographie sous-marine.

À l'époque, l'océanographie est un domaine dominé par les hommes, mais Tharp acquiert rapidement une expertise en cartographie océanique. Elle devient responsable de l'analyse des données sismiques provenant du fond de l'océan, tandis qu'Heezen menait les expéditions en mer.

La percée majeure de Tharp survient lorsqu'elle commence à cartographier le plancher océanique de l'Atlantique Nord. Elle remarque une structure linéaire étonnante qui s'étend sur des milliers de kilomètres au milieu de l'océan. Cette structure est une chaîne montagneuse sous-marine, la dorsale médio-atlantique, qui n'était pas connue à l'époque. Cette découverte a révélé une caractéristique géologique clé qui a soutenu la théorie de la tectonique des plaques.

La dorsale médio-atlantique était la preuve manquante qui confirmait la théorie de la tectonique des plaques, proposée par Alfred Wegener des décennies auparavant. Cette théorie postulait que les continents étaient en mouvement constant, et la cartographie de Tharp a montré que de nouvelles croûtes océaniques se formaient au niveau de la dorsale médio-atlantique, éloignant les continents les uns des autres.

Marie Tharp a longtemps travaillé dans l'ombre, car l'importance de son travail a été minimisée par certains collègues masculins. Cependant, au fil du temps, sa contribution à la science a été reconnue et célébrée. Elle a reçu de nombreux prix et distinctions pour son rôle dans la modification de la cartographie océanique.

L'impact de Marie Tharp va bien au-delà de la géologie. Sa cartographie a permis de considérer les océans en tant qu'élément dynamique et en constante évolution. Elle a ouvert la voie à une meilleure compréhension de la géologie marine, de la biologie océanique et des ressources sous-marines.

Frances Allen

Frances Allen, pionnière de l'informatique, a profondément marqué le domaine de la compilation, une discipline cruciale dans le monde de la programmation. Née en 1932, à Peru, dans l'État de New York, sa passion précoce pour les mathématiques et la résolution de problèmes l'a conduite à obtenir un diplôme en mathématiques de l'Université du Michigan en 1954.

Son engagement dans le domaine de l'informatique s'intensifie lorsqu'elle poursuit ses études à l'Université du Michigan, travaillant sur l'IBM 701, le premier ordinateur numérique. C'est là qu'elle s'immerge dans le langage de programmation Fortran, l'un des premiers langages informatiques, marquant le début d'une carrière exceptionnelle.

Frances Allen a apporté des contributions majeures à la

compilation, le processus essentiel de traduction des programmes en langage machine compris par les ordinateurs. Son travail sur Fortran a été révolutionnaire, notamment dans le développement du premier optimiseur de code. Ses avancées dans l'analyse de flot de données ont considérablement amélioré les performances des logiciels en permettant aux ordinateurs de mieux comprendre les instructions des programmes.

La majeure partie de sa carrière s'est déroulée chez IBM, où elle a gravi les échelons pour devenir la première femme « IBM Fellow » en 1989. Elle a contribué de manière significative à la recherche et a influencé la direction de l'entreprise en matière de développement logiciel.

Frances Allen a été récompensée en 2006 par le prix Turing, la plus haute distinction en informatique. En recevant ce prix, elle a marqué l'histoire en devenant la première femme à être honorée, une reconnaissance méritée pour ses contributions exceptionnelles à la compilation, à l'optimisation des programmes et à l'amélioration des performances des systèmes informatiques.

Tu Youyou

Tu Youyou, chercheuse exceptionnelle, a marqué le monde de la recherche médicale et de la découverte de médicaments, soulignant l'importance cruciale de la science dans la lutte contre les maladies mortelles. Née en 1930 en Chine, elle a grandi dans un contexte tumultueux, marqué par la guerre et l'instabilité politique. Malgré ces défis, elle étudie la pharmacie à l'Université de Pékin et rejoint ensuite l'Institut de pharmacie de l'Académie chinoise de médecine traditionnelle chinoise à Beijing, lançant ainsi sa carrière en recherche médicale.

Dans les années 1960, la Chine était aux prises avec une épidémie de paludisme dévastatrice, et Tu Youyou est sélectionnée pour diriger une équipe de chercheurs chargée de trouver un remède efficace. Son travail a conduit à la découverte de l'artémisinine, un composé extrait de l'Artemisia annua, une plante médicinale traditionnelle chinoise. Les recherches de Tu Youyou ont été rigoureuses, et son dévouement a finalement abouti à un médicament antipaludéen révolutionnaire.

L'artémisinine est rapidement devenue le traitement de choix contre le paludisme dans le monde entier, recommandée par l'Organisation mondiale de la santé (OMS). Grâce à cette découverte, la mortalité due au paludisme a considérablement diminué. En 2015, Tu Youyou a reçu le prix Nobel de physiologie ou médecine, devenant la première Chinoise à remporter un prix Nobel dans une catégorie scientifique.

L'impact de Tu Youyou sur la médecine mondiale est immense, sa découverte ayant sauvé des millions de vies et transformé la lutte contre le paludisme. Elle a également souligné l'importance de la recherche médicale et de la collaboration internationale pour résoudre les problèmes de santé mondiaux. Aujourd'hui, Tu Youyou continue de partager son expertise avec de jeunes scientifiques, contribuant ainsi à l'avancement de la médecine et servant d'inspiration quant au pouvoir de la science pour résoudre les problèmes complexes de l'humanité.

Hedy Lamarr

Hedy Lamarr, née Hedwig Eva Maria Kiesler en 1914 à Vienne, Autriche, incarne une épopée fascinante, alliant glamour hollywoodien et génie scientifique. Issue d'une famille aisée, elle apprend plusieurs langues et son père la sensibilise à l'ingénierie.

Louée pour sa beauté, elle délaisse rapidement ses études pour se consacrer au métier d'actrice.

Elle va travailler avec les plus grands réalisateurs européens de l'époque et tourne en 1933 « Extase », un film sulfureux pour l'époque où elle apparaît nue et joue une scène d'orgasme. Malgré les critiques qui condamne ce film, cette scène restera gravée dans les esprits, lui offrant une réputation de femme glamour et romanesque.

Elle se marie (une première fois) avec un marchand d'armes autrichien qui lui interdit de continuer sa carrière.

Pendant son mariage, c'est une maîtresse de maison dévouée, et le couple reçoit Hitler, Mussolini ainsi que des ingénieurs en armement. Son mari et ses invités, évoquent souvent des dossiers militaires sensibles en sa présence, pensant qu'une femme d'une grande beauté ne peut être également intelligente. En 1937 elle fuit son mari et l'Allemagne nazie pour rejoindre la côte Ouest des USA.

C'est le patron de la MGM qui lui donne à la fin des années 30, le nom d'Hedy Lamarr. Elle est jeune et très belle. Hedwig l'Autrichienne au fort accent, devient Hedy la plus belle femme du monde. Elle est en couverture de tous les magazines et se retrouve dans les bras des plus grands acteurs hollywoodien comme Spencer Tracy ou Clark Gable. Elle va jouer avec les plus grands. Son visage va inspirer Disney pour Blanche-Neige, mais aussi les auteurs américains de bandes dessinées pour Catwoman. Hedy Lamarr conqui rapidement Hollywood, et devient une star internationale, elle mais c'est surtout une femme libre.

Hedy Lamarr était considérée comme l'une des plus belles femmes du monde. Son métier d'actrice ne satisfait pas son désir d'être utile, surtout en temps de guerre. Malgré une vie bien chargée, elle s'adonne à sa véritable passion : l'invention.

En arrivant aux Etats-Unis, elle avait rencontré le pianiste George Antheil, avec lequel elle parle ingénierie. Lorsque, pendant la guerre, les deux amis apprennent que les torpilles envoyées pour détruire les sous-marins allemands sont piratées par l'ennemi puis détournées, ils imaginent ensemble un moyen de pallier au problème.

Grace à des cartes perforées de pianos mécaniques ils créent un système permettant de synchroniser la fréquence du navire et celle de la torpille. Après avoir breveté leur invention en 1942, le duo propose son système extrêmement novateur à l'armée américaine. Cette dernière leur claque la porte au nez… Avant de ressortir l'idée en douce 20 ans plus tard à l'occasion de la crise cubaine.

C'est ainsi qu'est né le système de « saut de fréquence », qui sera ensuite à la base de technologies telles que la téléphonie mobile, le Wi-Fi, la géolocalisation, le GPS ou encore le Bluetooth.

Trois ans avant sa mort, son talent d'inventrice est (enfin) reconnu : elle reçoit le prix de l'Electronic Frontier Foundation en 1997. Puis, à titre posthume, elle et George Antheil sont inscrits au registre du National Inventor Hall of Fame, une organisation américaine qui recense les plus grands inventeurs et inventrices.

Aujourd'hui, le nom de Hedy Lamarr est associé à l'innovation technologique autant qu'à sa carrière cinématographique. Elle a laissé un héritage durable dans le monde de la science et de la technologie, prouvant que la créativité et l'intelligence peuvent transcender les frontières des disciplines.

Comme Hedy Lamar supportait mal de recevoir tant de louanges portées uniquement sur son physique, elle aimait à répéter : « N'importe quelle femme peut avoir l'air glamour. Il suffit de se tenir tranquille et d'avoir l'air idiote. »

Sofia Kovalevskaïa

Née à Moscou en 1850 au sein d'une famille aisée, Sofia Vassilievna Kovalevskaïa dévoile très tôt une aptitude exceptionnelle pour les sciences. Une anecdote révélatrice : durant son enfance, elle surpasse ses différents précepteurs si bien que sa famille doit en changer régulièrement.

Malgré les normes restrictives imposées aux femmes à l'époque, elle persiste dans sa quête d'une éducation formelle. Son parcours, jonché de défis en raison des préjugés du XIXe siècle, la conduit en Allemagne, le pays d'origine de sa mère.

En 1871, elle se présente chez Weierstrass, un éminent mathématicien de l'époque, pour solliciter des cours particuliers, sachant que l'université de Berlin n'acceptait pas les femmes. Weierstrass lui propose de résoudre un ensemble de problèmes en une semaine, défi qu'elle relève brillamment en présentant des solutions originales.

Weierstrass ne peut que la recommander, et en 1874, elle devient ainsi la première femme à obtenir un doctorat de mathématiques en Allemagne.

Ses contributions novatrices aux équations aux dérivées partielles et à la théorie des fonctions marquent le début d'une nouvelle ère. Son théorème sur l'existence d'une solution à un problème mécanique spécifique la consacre comme une pionnière dans le domaine.

Elle détecte un troisième cas dans le problème de la rotation d'un corps rigide autour d'un point, théorisant ainsi ce qui sera connu sous le nom de la "toupie de Kovalevskaïa".

En reconnaissance de ses travaux, l'Académie des Sciences de Paris lui décerne un grand prix en 1888. Tout au long de sa vie, elle reçoit plusieurs prix et devient la première femme à faire partie de l'Académie des sciences de Russie.

Augusta Dejerine-Klumpke

Dans le monde de la science, comme nous l'avons vu dans les chapitres précédents, de nombreuses contributions de femmes ont été négligées par l'histoire. Parmi celle-ci Augusta Déjerine émerge comme une figure intrigante, tant ces réalisations dans le domaine de la neurologie ont été injustement oubliées.

Augusta Klumpke est née en 1859 aux USA, à une époque où les femmes étaient souvent exclues des cercles scientifiques.
En 1875, sa famille s'établit à Paris pour que ses filles puissent poursuivre des études dans l'enseignement supérieur, ce qui était quasiment impossible dans leur pays d'origine.

Augusta entame des études de médecine et en 1882, elle commence son internat à l'hôpital de la Charité à Paris. Son chef de clinique est alors Jules Dejerine, qu'elle épousera en 1888.

Après sa thèse, Augusta Dejerine-Klumpke ne réussit pas à obtenir de poste officiel. Elle suit alors son mari, devenu professeur de neurologie, et peut ainsi poursuivre ses recherches en laboratoire.

Elle commence sa carrière en tant que médecin généraliste avant de se spécialiser dans la neurologie. Ses premiers travaux furent axés sur l'étude des maladies neurodégénératives, un domaine alors émergent et mystérieux.

En 1889, elle soutient sa thèse en neurologie, fruits de plusieurs années de recherches. Elle démontre l'existence de maladies spécifiques aux nerfs périphériques.

Avec cette thèse, que beaucoup qualifieront de « véritable monument », elle va recevoir la médaille d'argent de la Faculté de Paris ainsi qu'un prix de l'Académie des Sciences (prix Lallemand).

Elle devient la première femme neurologue au monde, et avec ces prix, sa réputation devient mondiale.

Durant la Première Guerre mondiale, avec son mari, elle est en charge de la rééducation et des invalides et s'occupe d'un service de blessés (elle sera récompensée de la Légion d'honneur pour ce fait).

Elle va consacrer une grande partie de sa carrière à la recherche des causes sous-jacentes de ces maladies. Ses travaux ont jeté les bases de la compréhension moderne des troubles neurologiques tels que la sclérose en plaques et la maladie de Parkinson.

Avec son mari, ils formaient un couple qui était régulièrement la cible de critiques (tantôt on reprochait à Augusta d'être incompétente parce femme, tantôt on reprochait à son mari d'être incompétent et de ne devoir sa carrière qu'à son épouse).

Malheureusement, les réalisations d'Augusta Déjerine ont été négligés au fil du temps. Les archives historiques la mentionnent rarement, et ses contributions ont été éclipsées par d'autres figures plus médiatiques.
Augusta Dejerine-Klumpke n'avait pas d'engagement particulier, ne militait pour aucune cause. Grace à son travail et à ses compétences elle finira par s'imposer dans un monde quasi exclusivement masculin.

Ada Lovelace

Au milieu du XIXe siècle, une femme exceptionnelle a tracé la voie de l'informatique bien avant l'avènement des ordinateurs modernes. Ada Lovelace, une figure souvent oubliée dans les annales de la science, a marqué le monde de la technologie. Son génie analytique et son anticipation visionnaire des possibilités de l'informatique font d'elle une pionnière méconnue, mais essentielle, dans l'histoire des sciences.

Née Augusta Ada Byron en 1815 à Londres, Ada Lovelace était la fille du célèbre poète Lord Byron. Sa mère, préoccupée par les tendances poétiques de son père, l'encouragea à poursuivre une éducation centrée sur les disciplines scientifiques.

La vie d'Ada Lovelace a pris un tournant déterminant lorsqu'elle rencontra Charles Babbage, un inventeur et mathématicien britannique, souvent considéré comme le "père de l'ordinateur". Babbage développait alors une machine appelée la "Machine analytique", conçue pour effectuer des calculs complexes. Ada, fascinée par les travaux de Babbage, se plongea dans l'étude de la machine et commença à collaborer étroitement avec lui.

Ada Lovelace ne se contenta pas de comprendre la Machine analytique ; elle contribua également de manière significative à son développement. Ses notes, ajoutées à la traduction d'un article sur la machine, sont devenues célèbres pour leur qualité prédictive. En 1843, Ada écrivit des annotations qui dépassaient le simple commentaire. Elle y expliquait comment la machine pourrait manipuler des symboles, allant au-delà des simples calculs numériques. C'était une vision révolutionnaire qui fit d'Ada Lovelace la première programmeuse de l'histoire.

Ce qui rend les contributions d'Ada Lovelace encore plus remarquables, c'est sa vision de l'informatique en tant qu'outil de création, bien au-delà de sa fonction de calculatrice. Elle écrivit que la Machine analytique "pourrait composer des morceaux de musique de toutes complexités ou étendues" et même "produire des œuvres de tout degré de complexité ou de valeur".

Ces idées visionnaires, considérées aujourd'hui comme les premières formulations d'un langage de programmation, placent Ada Lovelace à la croisée des chemins entre la science et l'art, anticipant ainsi le rôle créatif que jouerait l'informatique dans les décennies à venir.

Malgré ses contributions novatrices, la vie et le travail d'Ada Lovelace furent largement oubliés pendant de nombreuses années. La nature précoce de ses idées dépassait son époque, et il fallut attendre le XXe siècle pour que l'informatique devienne une réalité tangible. Ce n'est que plus récemment que l'on a commencé à apprécier pleinement le génie et la vision d'Ada Lovelace.

Aujourd'hui, Ada Lovelace est saluée comme une figure emblématique de l'informatique. La journée Ada Lovelace, célébrée chaque année le deuxième mardi d'octobre, rend hommage à son héritage et à son impact. Des initiatives dans le domaine de la technologie portent son nom, et son portrait orne des salles de classe et des centres de recherche du monde entier.

Gertrude Elion

Au sein de l'histoire scientifique, certaines figures restent éclipsées par des noms plus célèbres. Gertrude Elion, une pionnière dans le domaine de la pharmacologie, est l'une de ces femmes de sciences dont les contributions méritent d'être redécouvertes. Ses travaux ont permis une avancée majeure dans le traitement des maladies, mais son nom est parfois oublié dans le récit scientifique contemporain.

Gertrude Belle Elion est née le 23 janvier 1918 à New York. Après avoir obtenu son diplôme universitaire en chimie, Gertrude Elion rencontra des difficultés à intégrer le monde académique en raison des préjugés. Malgré ces obstacles, elle trouva un emploi au Wellcome Research Laboratories à New York, où elle commença son travail dans un domaine émergent : la pharmacologie.

Gertrude Elion travaille sur le développement de

médicaments antiviraux et anticancéreux. Dans les années 1950, 1960, elle contribue à la création de médicaments révolutionnaires, dont l'azathioprine, utilisé pour prévenir le rejet de greffes d'organes, et le purinéthol, un traitement pour la leucémie aiguë lymphoblastique.

Son approche novatrice impliquait de cibler sélectivement les cellules malades tout en préservant les cellules saines, une approche qui a révolutionné le traitement du cancer et d'autres maladies graves. Ces médicaments ont sauvé d'innombrables vies et ont jeté les bases de la recherche moderne en pharmacologie.

En 1988, Gertrude Elion reçut le prix Nobel de physiologie (appelé aussi prix Nobel de médecine), qu'elle partagea avec George H. Hitchings et Sir James Black.

Le fait que Gertrude Elion n'ait pas atteint une renommée aussi large que certains de ses homologues masculins de l'époque souligne les défis persistants auxquels les femmes sont confrontées dans le monde scientifique.

Vera Rubin

Vera Rubin, une astrophysicienne visionnaire, a joué un rôle essentiel dans la découverte de la matière noire, une contribution souvent éclipsée dans l'histoire de la cosmologie moderne.

Vera Florence Cooper Rubin est née en juillet 1928 aux USA. Passionnée par les étoiles et le cosmos, elle poursuivit ses études à l'université de Cornell, où elle obtint son diplôme de physique, avant d'obtenir son doctorat à l'université de Georgetown en 1954.

Les premières étapes de la carrière de Vera Rubin furent marquées par ses recherches sur les galaxies spirales. En travaillant avec Kent Ford, elle développa la technique de spectroscopie à longue fente, une méthode novatrice permettant une meilleure compréhension de la distribution de la matière au sein des galaxies.

Au cours des années 1960 et 1970, Rubin entreprit des observations qui allaient déboucher sur une découverte majeure. En étudiant la rotation des galaxies, elle fit une découverte étonnante : la vitesse de rotation des étoiles situées aux bords des galaxies était étonnamment rapide par rapport à ce que prédisaient les lois de la gravité. Cette observation contredisait les modèles existants et laissait présager l'existence d'une masse invisible, ce que nous appelons aujourd'hui la matière noire.

Les résultats de Vera Rubin furent accueillis avec une certaine résistance initiale, car l'idée d'une matière invisible défiait les conceptions établies de l'univers. Cependant, au fil du temps, la communauté scientifique commença à reconnaître la validité de ses observations. La matière noire, invisible et non lumineuse, était maintenant un pilier essentiel de la compréhension cosmologique moderne.

Malgré l'impact colossal de sa découverte, Vera Rubin ne reçut jamais le Prix Nobel de physique. Cet oubli, qui a suscité des débats et des critiques dans le monde scientifique, souligne les défis auxquels les femmes étaient confrontées dans le milieu académique.

Ses contributions ont été néanmoins honorées par de nombreux prix, dont la médaille nationale de la science décernée par le président des États-Unis en 1993.

L'héritage de Vera Rubin va bien au-delà de la découverte de la matière noire. Des initiatives éducatives, des bourses et des observatoires portent aujourd'hui son nom, témoignant de son impact durable sur le domaine de l'astronomie.

Sau Lan Wu

La physique des particules est un domaine complexe qui explore les constituants fondamentaux de l'univers. Parmi les nombreuses personnalités qui ont marqué ce domaine, Sau Lan Wu se distingue comme une pionnière.

Née en janvier 1940 à Hong Kong, Wu a consacré sa vie à la compréhension des mystères de la matière et de l'énergie.

Elle a entamé son parcours académique à l'Université de Berkeley en étudiant la physique, puis obtient son doctorat à Harvard en 1969, sous la supervision du lauréat du prix Nobel de physique, Samuel C.C. Ting.

La carrière de Wu est marquée par des contributions majeures dans le domaine de la physique des particules. Elle a joué un rôle clé dans plusieurs expériences importantes, dont celle menée au CERN (Organisation européenne pour la recherche nucléaire) qui a abouti à la découverte du boson de Higgs en 2012. Ses travaux ont été essentiels pour la compréhension de cette particule fondamentale, élément clé du modèle standard de la physique des particules.

Wu s'est également illustrée dans la recherche sur les neutrinos, des particules subatomiques extrêmement discrètes.

Les contributions exceptionnelles de Wu à la physique des particules ont été reconnues par de nombreux prix et distinctions. En 1992, elle a reçu le prix Dannie Heineman de physique expérimentale, soulignant ainsi la portée de ses travaux expérimentaux révolutionnaires. Wu est également membre de plusieurs académies scientifiques de renom, dont la National Academy of Sciences aux États-Unis.

En plus de ses réalisations scientifiques, Sau Lan Wu a consacré une partie significative de sa carrière à l'enseignement et à l'encouragement de jeunes talents.

La carrière de Wu n'a pas été exempte de défis. En tant que femme dans un domaine longtemps dominé par les hommes, elle a dû surmonter des obstacles pour faire valoir ses idées et participer pleinement à la recherche.

CONCLUSION

Nous voici à la conclusion de cette exploration passionnante à travers le parcours méconnu des femmes de sciences. J'espère que cette plongée dans la vie de ces femmes exceptionnelles fut aussi enrichissante. À travers ces chapitres, nous avons découvert des femmes courageuses, visionnaires et persévérantes, dont les réalisations extraordinaires ont longtemps été éclipsées. Aujourd'hui, nous avons rétabli une partie de l'équilibre en mettant en lumière leurs contributions exceptionnelles.

De Hypatie d'Alexandrie, première mathématicienne connue, à Émilie du Châtelet, philosophe des Lumières qui a approfondi notre compréhension de la physique, en passant par Rosalind Franklin, dont le rôle crucial dans la découverte de la structure de l'ADN a été trop longtemps minimisé, nous avons été témoins de la brillance et de la détermination de ces femmes.

Nous avons découvert des femmes qui ont bravé les préjugés, surmonté les barrières sociales et défait les contraintes culturelles pour poursuivre leur passion pour la science. Chacune d'entre elles a ouvert des portes, repoussé les limites de la connaissance et inspiré des générations futures de scientifiques, qu'ils soient hommes ou femmes.

La saga des femmes de sciences oubliées reflète l'injustice et l'inégalité qui ont marqué notre société pendant des siècles. Elle souligne également l'importance de la diversité dans le domaine scientifique. En excluant ou minimisant les contributions des femmes, nous avons non seulement privé le monde de découvertes importantes, mais nous avons également sapé les chances de progrès et d'innovation.

Alors, que retenir de cette exploration ? Tout d'abord, rappelons-nous que la science est un effort collectif, et que son récit est le fruit du travail de nombreuses personnes, quel que soit leur sexe. Ensuite, encourageons et soutenons les femmes et les jeunes filles aspirant à une carrière scientifique. Les obstacles persistants ne devraient plus entraver le potentiel de génies en herbe.

Enfin, prenons le temps de nous plonger dans les parcours des femmes de sciences oubliées. C'est une source d'inspiration inestimable pour les générations actuelles et futures. En comprenant le passé, nous pouvons mieux façonner l'avenir et nous assurer que l'éclat de ces étoiles scientifiques ne s'estompe jamais.

Merci, et à bientôt pour de nouvelles explorations.

Pays des maths

13, rue de l'université

75007 Paris

Dépôt légal février 2024

www.ingramcontent.com/pod-product-compliance
Lightning Source LLC
Chambersburg PA
CBHW061618130726

47996CB00003B/1022